尖端科技篇
哇，科学有故事！

测量的故事

〔韩〕申正敏 / 文　〔韩〕禹智贤 / 绘　千太阳 / 译

人民东方出版传媒
People's Oriental Publishing & Media
东方出版社
The Oriental Press

死神阿努比斯

华伦海特

托里拆利

目录

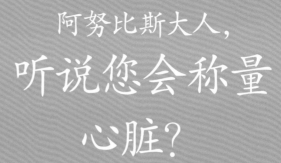

阿努比斯大人，**听说您会称量心脏？**

在古埃及壁画中有一种工具，形状与我们现在使用的天平非常相似。天平是称量的工具。如果想要称心脏的质量，那么使用的应该就是天平吧？

公元前 5000 年左右，在古埃及的一个当铺里，主人卡普会回收客人们带来的物品，然后向他们支付金、银、宝石等可以当作钱来使用的东西。

有一天，一位农夫牵着两只咩咩叫的山羊来到当铺。

"哎呀，我现在有急事要用钱。您看这两个家伙能换多少金子？"

"嗯，这两只山羊，我可以给你两德本的金子。"

德本是古埃及称金子重量时使用的一种砝码，可以当作称量单位。

无论金子是铁丝的形状，还是像石头一样，人们都会以德本作为基准来称量确定金子的价值。

卡普在天平左边的盘子里放下两个德本。

这时，右边的盘子一下就翘了上去。卡普就在翘上去的盘子里放下一些金子。

就这样，他一点点往右边盘子里添加金子，直至天平的两臂维持平衡。卡普把右边盘子里的所有金子递给农夫。

"好了，你可以拿走这些。"

农夫拿着金子，来到帕普药房。

4

"我妻子和三个女儿全都得了严重的伤寒病,请给我开点儿药吧。这些金子能买多少药我就要多少。"

"嗯,这些金子可以换走四德本的药粉。"

帕普在天平一边的盘子上放下四个德本,然后开始在另一边的盘子上不断地添加药粉,直到两边维持平衡。

农夫用金子换完药粉,急匆匆地赶回家中。

然而,农夫绝对不会想到帕普所使用的德本中,有一个是他用一种非常轻的石头制作的假德本。

多年后，卡普和帕普在同一天的同一时间离开了人世。

死后，两个灵魂跟着死神阿努比斯前往亡者神殿。当走到入口处时，他们发现那里摆着一个天平。

"这里有一根鸵鸟的羽毛。当你的心脏和羽毛同时放在天平两端的托盘上时，你的心脏向下倾斜的程度就是你在人世间犯下的罪孽深度。"

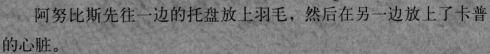

　　阿努比斯先往一边的托盘放上羽毛，然后在另一边放上了卡普的心脏。

　　神奇的是，天平并没有偏向任何一方，始终保持着平衡，说明卡普的心脏和羽毛一样轻。

　　"卡普，你果然拥有一颗纯真的心脏！这都是因为你曾经善良正直。你可以进入亡者神殿了。"

接下来，轮到帕普了。

阿努比斯将帕普的心脏放在天平的托盘上后，天平立即就朝心脏的那边倾斜了下去。

"你这个家伙，好好看看自己犯下的罪孽有多深重！你罪大恶极，所以必须接受惩罚。"

说完，帕普就被可怕的怪物带走了；而卡普则留在冥王奥西里斯身边，等待投胎转世。

事实上，古埃及人都认为人死后，阴间的审判官会用天平称量死者的心脏，从而辨别好人和坏人。

因此，人们渐渐地将用来称量的天平视为审判和正义的象征。

那么，我们的内心、思想又该怎么称量呢？

天平

天平是一种称物体质量的工具。像跷跷板一样，利用杠杆原理的天平主要用来比较两个物体的质量。称重时，重的一边会下沉，而轻的一边则会上升。此外，我们可以根据体重秤或厨房秤等称量工具上面标注的刻度，测定物体的质量是多少克（g），或多少千克（kg）。

 普通天平、托盘天平、杆秤都是利用杠杆原理制造的称量工具。

哦!

看到了吧?天平就是利用杠杆原理制作的。

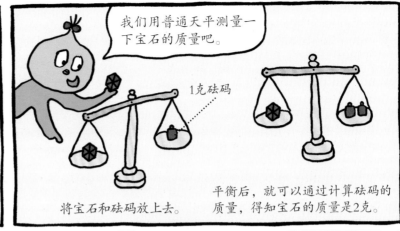

我们用普通天平测量一下宝石的质量吧。

1克砝码

将宝石和砝码放上去。

平衡后,就可以通过计算砝码的质量,得知宝石的质量是2克。

在称质量时,也可以使用托盘天平。你看,粉末是1克。

1克砝码

还有用秤砣代替砝码的杆秤。

放上待测物,然后移动秤砣。

平衡后,读出秤砣所停的刻度。袋子的质量是2千克!

 厨房秤、体重秤是利用弹簧原理制作的称量工具。

质量小,弹簧只收缩一点儿。

质量大,弹簧会收缩很多。

厨房秤中含有弹簧。

体重秤中也有弹簧。

弹簧收缩多少,刻度就会上升多少。

啊!我的体重居然有60千克?

嘿嘿

统一测量单位

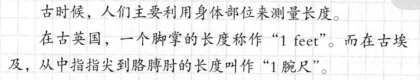

1 feet

古时候，人们主要利用身体部位来测量长度。

在古英国，一个脚掌的长度称作"1 feet"。而在古埃及，从中指指尖到胳膊肘的长度叫作"1 腕尺"。

重量和体积也这样测量。在中国，把用手指能捏起的一点点，称作"一小撮"；抓满一手的量，叫作"一把"。但是由于每个人的手掌大小不一样，所以测量出来的量也不同。于是，古人就以一定的量作为标准，制定出石（dàn）、斗、升、合等计量单位使用。我们现在还在用"不为五斗米折腰"来赞美不为利禄所动的美好品格。

后来，人们又发现每个国家的长度、重量和体积的标准和单位都不相同，国与国之间根本无法进行公平的交易。为了解决这个问题，18 世纪末时，法国科学院首次制定了米制单位。他们将从地球北极穿过巴黎到达赤道的长度的一千万分之一定义为 1 米（m），然后又制定出了重量单位千克（kg）、体积单位升（L）等单位。

如今，虽然国际会议已经更改了"1 米"所代表的长度，但大部分国家依然在使用米制中确定的单位。与之相对，还有一些国家在使用英制单位，例如英尺、加仑、磅等。

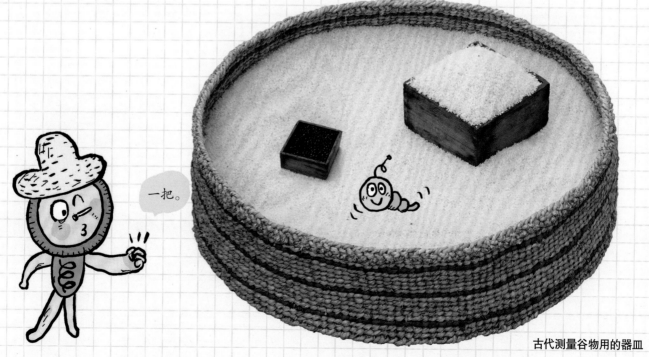

一把。

古代测量谷物用的器皿

16世纪时，科学家们制造出了各种测量工具。伽利略制造了第一支温度计，但由于没有刻度，所以无法准确测量温度。于是，我制造出了有刻度的温度计，测量出了沸水的准确温度。

13

"唉! 真是急死人了!"

18 世纪初的某一天, 德国物理学家华伦海特急得头上快要冒烟了。

因为不同的温度计测出来的沸水温度不一样。

"伽利略做的温度计真的是虚有其表! 测个温度都有这么多问题。"

当时人们所使用的是一种加入空气的温度计。

这种温度计利用的是空气热胀冷缩的原理。当空气受热时, 体积变大, 细管里的水柱就下降; 而空气冷却时, 体积减小, 细管里的水柱就会上升。

但是, 这种温度计根本无法测量出准确的温度。这就是华伦海特又气又急的原因。

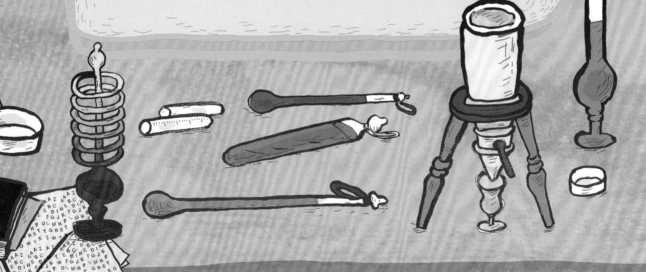

"对了，记得以前有些科学家曾在玻璃管中放入酒精、葡萄酒、油等液体来制作温度计。"

华伦海特立即展开将各种液体煮沸，尝试用它们制作温度计的实验。

最终，他发现水银似乎最适合用来制作温度计。因为水银在受热或冷却时，体积都会明显地膨胀或收缩。

"不过，该怎么办呢？水银很容易被灰尘等东西污染，而被污染的水银会黏附在玻璃管上。"

华伦海特的实验室

华伦海特锲而不舍地研究，终于成功提取出纯净的水银。

之后，他将提纯的水银放入玻璃管最下端的球形空间，再用塞子塞住玻璃管口，以免空气进入其中。

"呀呼！我终于成功了！即使尝试一百次，水银柱都会恒定地上升或下降！"

他终于制作出自己满意的温度计。

但是他还有一个重要的问题没有解决，那就是确定温度计的刻度。

"嗯，当冰、水及氯化钠混合在一起时，温度是最低的。"

华伦海特将此时的温度设定为 0 华氏度，又将人体的温度设定为 96 华氏度，然后以这两个温度作为标准，在玻璃管上刻上了密密麻麻的刻度。

这就是华氏温度计。

"呀呼！用这个温度计来测量，就可以得知水始终在 32 华氏度时结冰，并在 212 华氏度时沸腾！"

水结冰的温度是0摄氏度。

沸水的温度是100摄氏度。

但是在 1742 年，瑞典物理学家摄尔修斯却提出了不同的见解。

"华氏温度计虽然准确，但计算起来太复杂了。"

于是，他将水结冰的温度设定为 0 摄氏度，将水沸腾的温度确定为 100 摄氏度，从而制造出摄氏温度计。由于摄氏温度计算起来比华氏温度更方便，所以越来越多的人开始使用摄尔修斯制作的温度计。

如果已经离世的华伦海特在天上看到这一幕，说不定又要气得头顶冒烟了。

温度计

温度计是一种测量冷热程度的工具。温度计通常用一个装有酒精或水银等液体的细长玻璃管制成。温度计测定温度的原理是液体热胀冷缩的性质。测定温度的单位主要有摄氏度（℃）和华氏度（℉）。

 水银温度计和酒精温度计都是利用液体的体积随温度变化而变化的性质制造的。

如果给变瘪的球加热，球内部的空气就会膨胀，球也会重新鼓起来。

哇！太神奇了。

不仅是空气，液体加热后也会膨胀。

真的呀，液体柱开始上升了！

冷却时，液体就会收缩。

果然如此！液体柱开始下降了。

温度计利用的就是这种原理。通常制作温度计时放进去的都是水银、酒精等对温度变化敏感的液体。

测量温度时，要看液体柱最上方的液面对齐的刻度。

 在温度计中，还有一种利用红外线能量测定体温的体温计。

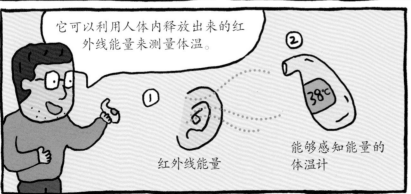

心情也能测量吗？

　　天气预报会提前告诉我们气温、湿度等各种未来的天气信息。除此之外，它还包含是否心情舒畅的舒适度指数，以及是否适合洗车的洗车指数等信息。这些指数用来表示天气对我们的生活产生的影响，所以我们将它们统称为"生活指数"。

　　可是你们知道对心情产生影响的舒适度指数是怎样测量的吗？人们觉得心情最舒畅的气温是 19～24 摄氏度。超过 30 摄氏度，我们就会觉得很热；低于 15 摄氏度则会感到很冷。另外，当湿度在 40%～70% 时，我们会觉得很舒服，但超出这个范围时，我们的不快感就会上升。

　　就像这样，不同的气温和湿度会影响我们产生不同的感觉。将这种感觉用数字表示出来的就是所谓的"舒适度指数"。据了解，天气炎热时，湿度越高，舒适度指数就越低。

　　从今往后，相信大家只要看过天气预报上的舒适度指数，就可以预测到未来的天气了。例如，舒适度指数低于 70 高于 59 时，就是舒服的天气；高于 80 时，天气就有可能令人烦闷；超过 85 时，天气会令大多数人感到烦躁。

夏天里提高舒适度的
凉爽树荫

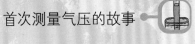

托里拆利老师，
我们真的可以测出
空气的压力吗？

17 世纪中期以前，人们一直认为"空气什么都不是"。但是我的老师伽利略告诉我："空气也是有重量的。"同时，他让我将这个事实证明出来。你猜后来怎么样了？告诉你吧。我发明了一种可以测量空气压力的工具。

　　1640 年的一天，在意大利中部的托斯卡纳，一位大公命令工人们在宫殿院子里挖水井。

　　当工人们下挖 12 米左右时，井底渗出了水。

　　"好了，接下来只要用水泵将水抽上来就可以了！"

　　奇怪的是，无论工人们怎么抽，水泵里也没有流出哪怕一滴水。

　　无奈之下，大公只好找来当时大名鼎鼎的科学家伽利略。

　　"我想你应该可以找出将水抽上来的方法吧？"

　　然而，伽利略也没能解决这个问题。

　　"太奇怪了，水都已经上升 10 米高了，可为什么就无法继续上升了呢？"

　　不管怎么抽，水都没有升上来的迹象。

两年后，伽利略就带着这个疑惑离开了人世。他的学生埃万杰利斯塔·托里拆利继承了他的遗志。

有一天，托里拆利突然想起老师说过的话。老师曾经说过，即使是肉眼看不到的空气也是有重量的。那么，水井中那些水的上面肯定存在着一股空气下压的力量。说不定水上不来就是受到了它的影响。

当时，罗马的科学家正在做一个这样的实验：

在一头被堵住的长管中装满水后，将长管倒立在装有水的容器里，结果长管的上部出现了一段没有水的空间。这说明长管里有一部分水流进了容器里。

长管中剩下的水柱高度大约有 10 米。

听到这个消息后，托里拆利感到震惊不已。

"咦？我记得用水泵抽水时，水上升的高度也大约是 10 米。"

托里拆利马上做了一个相似的实验。

"如果用水做实验，我需要有一根很长的管子才行。既然这样，如果用其他液体代替水会怎么样呢？"

托里拆利顿时就想到了水银。质量相同时，水银的体积要比水小很多，因此只要有一根短管就可以完成这项实验。

"接下来，在这个 1 米长的玻璃管中装满水银，然后将它倒扣在装有水银的容器中。"

还是水银最合适。

如果用水做实验，就需要准备很长的玻璃管。

约1米

当装满水银的玻璃管被倒扣在装有水银的容器中后，玻璃管的上方出现了一拃（zhǎ）左右的空间，同时留下约 76 厘米长的水银柱。这与水上升到约 10 米的现象是一样的。

"对，我猜得没错。正是因为空气在下压，玻璃管中才会形成这么高的水银柱。"

通过这项实验，托里拆利证明了玻璃管中水银柱下压的力量，和空气下压容器中水银的力量是相同的。空气下压容器中水银的力量，就是气压。

空气下压水银的力量

水银柱下压的力量

水银

水银

76厘米

水银

  每天，托里拆利都会观察倒扣在容器里的玻璃管。最终，他发现了一个奇怪的现象。

  原来水银柱的高度并不是一成不变的，而是每天都会有一些细微的变化。天气晴朗时，水银柱的高度会微微上升；而天气阴沉或下雨时，水银柱的高度又会微微下降。

  "嗯，也就是说，晴天时气压较高；阴雨天时，气压较低！"

  这就是用于测量气压的气压计。

　　通过这个实验，托里拆利最终得出结论："水泵绝对无法抽出 12 米深的井水。因为来自我们周围层层叠叠的空气的压力只允许我们将水面提升大约 10 米的高度。"

　　在技术发达的今天，人们也要采用加压的方法并用更强的动力才能将地下深处的水抽上来。

　　虽然托里拆利没能成功地将井水抽上来，但他制作出了第一支气压计。至今气压计都与温度计和湿度计一样，对每天的天气观测起着至关重要的作用。

气压计

包裹着我们的空气是有重量的，它也拥有一种压迫的力量。我们称这种力量为"气压"。1气压相当于76厘米高的水银柱产生的压强。测量气压的工具就叫作"气压计"。

 气压可以通过测量封闭玻璃管中水银柱的高度来知晓。

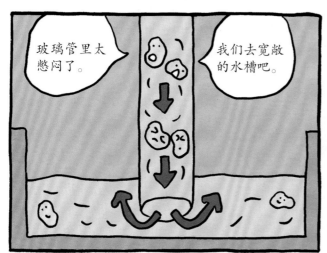

海拔越低，气压越高；海拔越高，气压越低。

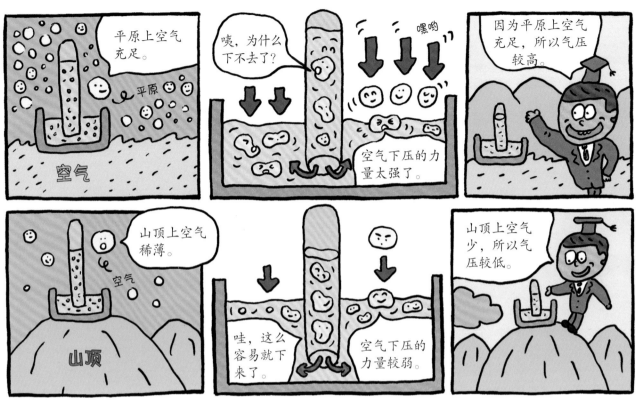

 高气压区的天空晴朗，低气压区的天空阴沉。

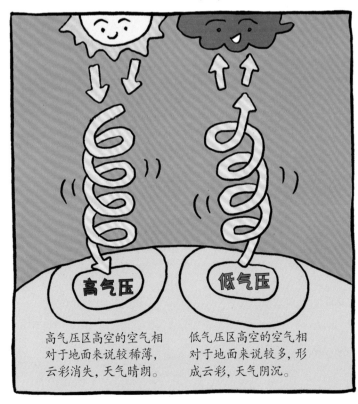

33

乐器之王——管风琴

　　在一些大教堂中，我们经常能看到管风琴。有的管风琴能够占据一整面墙壁，因为管风琴的音管多达数百个，甚至几万个。因为拥有如此庞大的体格，所以管风琴的声音非常洪亮，但有时，它也能发出一些纤细的声音。因此，天才音乐家莫扎特曾经表示管风琴就是当之无愧的乐器之王。

　　管风琴是利用气压演奏的乐器。管风琴中有送风装置，能不停地往里面送风。这些空气可以沿着四周的通道传递到每一根管中。如果演奏者在演奏台上按下键盘，管中的空气经过压缩后就会释放出去，从而发出动听的声响。通常来说，大管发出的声音粗重、低沉，小管发出的声音纤细、高亢。

利用气压原理发出声音的管风琴

更准确地
测量一切

　　现代的测量技术厉害得超乎想象。通过这些技术，人们不仅可以测量肉眼看不见的微小物体的大小和重量，还可以测量以前无法测量的肌肉力量和脂肪含量。如今，我们几乎已经可以测量一切东西，并能得到更加准确的结果了。

测量肌肉力量的握力计

握力是指用手握住物品的力量。握力计是医院和运动中心等地方用来了解肌肉力量强度的一种工具。以前，人们最常用的是一种画有刻度的握力计；如今，人们使用最多的则是数码握力计。只要用力握一下数码握力计再松开，我们就能通过屏显信息知道以后该用什么方式、用多大的力量和以何种速度锻炼上肢。

数码握力计

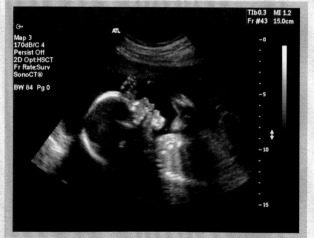

胎儿的超声波照片

测量肚子里的宝宝大小的超声波

蝙蝠会发射我们的耳朵听不见的超声波，然后根据感知与物体相撞后返回的超声波，来判断眼前的是什么物体。在医院里检查准妈妈肚子里的宝宝时，使用的就是这种超声波。这样可以通过测量宝宝的头围等信息，了解宝宝的健康状态。在三维立体超声波检查中，医生能够清晰地看到宝宝的脸、手指、脚趾等部位的发育情况。

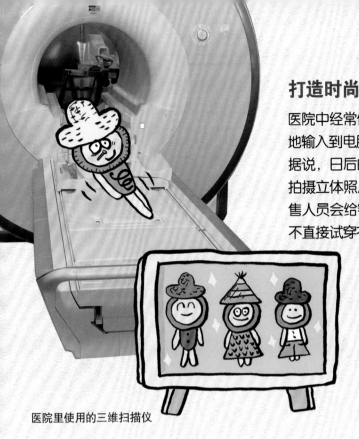

打造时尚的三维扫描仪

医院中经常使用三维扫描仪，将患者器官的大小和形状等信息如实地输入到电脑中。不过，这项技术还可以用于动画片制作和 3D 打印。据说，日后的顶级服装卖场也会用到它。例如，销售人员会为客人拍摄立体照片，然后将客人的身体模型传输到电脑上。接下来，销售人员会给客人展示他穿上各种服装的样子。如此一来，我们即使不直接试穿衣服，也能挑选出自己"身上"最好看的衣服。

医院里使用的三维扫描仪

你变帅了！

精准计时的铯原子钟

1 秒是以什么标准定义的呢？以前，人们将两次太阳升起的间隔作为 24 小时，然后再将其划分，从而计算出 1 秒。到了 1967 年，人们依据铯原子的振动对秒重新做出了定义，并沿用至今。韩国标准科学研究院的铯原子钟非常准确。据说，它每 300 万年只会出现 1 秒钟的误差，未来人们将会以比铯原子钟准确数十万倍的光钟或核钟作为计时工具。

铯原子钟

我的表调的是铯原子钟上的时间，所以非常准确！

37

图字：01-2019-6048

图书在版编目（CIP）数据

测量的故事 /（韩）申正敏文；（韩）禹智贤绘；千太阳译 . —北京：东方出版社，2021.4
（哇，科学有故事！.第三辑，日常生活·尖端科技）
ISBN 978-7-5207-1483-9

Ⅰ.①测⋯ Ⅱ.①申⋯ ②禹⋯ ③千⋯ Ⅲ.①测量学—青少年读物 Ⅳ.① P2-49

中国版本图书馆 CIP 数据核字（2020）第 038656 号

哇，科学有故事！尖端科技篇·测量的故事
（WA，KEXUE YOU GUSHI! JIANDUAN KEJIPIAN · CELIANG DE GUSHI）

作　　者：［韩］申正敏 / 文　　［韩］禹智贤 / 绘
译　　者：千太阳

策划编辑：鲁艳芳　杨朝霞
责任编辑：金　琪　杨朝霞
出　　版：东方出版社
发　　行：人民东方出版传媒有限公司
地　　址：北京市西城区北三环中路6号
邮　　编：100120
印　　刷：北京彩和坊印刷有限公司
版　　次：2021年4月第1版
印　　次：2021年4月北京第1次印刷
开　　本：820毫米×950毫米　1/12
印　　张：4
字　　数：20千字
书　　号：ISBN 978-7-5207-1483-9
定　　价：218.00元（全9册）
发行电话：（010）85924663　85924644　85924641

✏ 文字 ［韩］申正敏

出生于京畿道安城，曾经荣获过眼界儿童文学奖、儿童文艺文学奖等众多奖项。现住在春川，为孩子们创作各种可以放飞梦想的愉快童话。主要作品有《冰川咔嚓》《小学生一定要知道的1000个科学常识》《吞掉故事的课堂》《胡子战争》《啪》《机器人豆》《长螯蟹莺歌》等。

🎨 插图 ［韩］禹智贤

作者喜欢森林和图书馆。在书中遇到科学家华伦海特、摄尔修斯及托里拆利后，窥视到一个新奇而惊人的科学世界。对于能够与孩子们一起阅读如此有趣的故事，感到非常欣慰。主要作品有《数学鬼怪》《七种颜色的独岛的故事》《与爸爸一起走的生态路》《走过》等。

📠 审订 ［韩］金忠燮

毕业于首尔大学物理学专业，并取得该学校的博士学位。现任水原大学物理系教授。主要作品有《黑洞真的是黑色的吗》《通过视频看宇宙的发现》《默冬讲给我们听的日历的故事》《洛什讲给我们听的潮汐的故事》等；主要译作有《天文学常识》《天才们的科学笔记7：天文宇宙科学》等。

哇，科学有故事！（全33册）

扫一扫
看视频，学科学